四川省工程建设地方标准

四川省市政工程清水混凝土施工技术规程

Technical Specification for Fair-faced Concrete Construction of Municipal Engineering in Sichuan Province

DBJ51/T 073 – 2017

主编单位：成 都 市 土 木 建 筑 学 会
成都建工赛利混凝土有限公司
批准部门：四 川 省 住 房 和 城 乡 建 设 厅
施行日期：2 0 1 7 年 6 月 1 日

西南交通大学出版社

2017 成 都

图书在版编目（CIP）数据

四川省市政工程清水混凝土施工技术规程 /成都市土木建筑学会，成都建工赛利混凝土有限公司主编．—成都：西南交通大学出版社，2017.6
（四川省工程建设地方标准）
ISBN 978-7-5643-5465-7

Ⅰ．①四… Ⅱ．①成… ②成… Ⅲ．①市政工程－混凝土施工－技术规范－四川 Ⅳ．①TU755-65②TU990.03

中国版本图书馆 CIP 数据核字（2017）第 119402 号

四川省工程建设地方标准

四川省市政工程清水混凝土施工技术规程

主编单位 成都市土木建筑学会
成都建工赛利混凝土有限公司

责任编辑	柳堰龙
封面设计	原谋书装
出版发行	西南交通大学出版社（四川省成都市二环路北一段 111 号 西南交通大学创新大厦 21 楼）
发行部电话	028-87600564 028-87600533
邮政编码	610031
网址	http: //www.xnjdcbs.com
印刷	成都蜀通印务有限责任公司
成品尺寸	140 mm × 203 mm
印张	2.5
字数	62 千
版次	2017 年 6 月第 1 版
印次	2017 年 6 月第 1 次
书号	ISBN 978-7-5643-5465-7
定价	26.00 元

各地新华书店、建筑书店经销
图书如有印装质量问题 本社负责退换

关于发布工程建设地方标准《四川省市政工程清水混凝土施工技术规程》的通知

川建标发〔2017〕149号

各市州及扩权试点县住房城乡建设行政主管部门，各有关单位：

由成都市土木建筑学会和成都建工赛利混凝土有限公司主编的《四川省市政工程清水混凝土施工技术规程》已经我厅组织专家审查通过，现批准为四川省工程建设推荐性地方标准，编号为：DBJ51/T 073－2017，自2017年6月1日起在全省实施。

该标准由四川省住房和城乡建设厅负责管理，成都市土木建筑学会负责具体技术内容的解释。

四川省住房和城乡建设厅

2017年3月6日

前　言

根据四川省住房和城乡建设厅《关于下达工程建设地方标准<四川省市政工程清水混凝土施工技术规程>编制计划的通知》（川建标函〔2015〕775号）的要求，成都市土木建筑学会、成都建工赛利混凝土有限公司会同有关单位进行了广泛的调查研究，充分总结了近年来国内外市政工程清水混凝土施工技术进展情况与特点，经反复征求意见，制定本规程。

本规程共10章，主要技术内容包括：1总则；2术语；3基本规定；4材料选择；5混凝土配合比设计；6施工工艺；7混凝土成品保护及饰面；8混凝土成品修补；9质量验收；10施工安全。

本规程由四川省住房和城乡建设厅负责管理，成都市土木建筑学会负责具体技术内容的解释工作。为提高规程编制质量和水平，各单位在执行本规程时，请将有关意见和建议反馈给成都市土木建筑学会（地址：成都市八宝街111号5楼537室；邮箱：895632992@qq.com；电话：028-61988825；邮编：610031），以供今后修订时参考。

主 编 单 位：成都市土木建筑学会

成都建工赛利混凝土有限公司

参 编 单 位：成都市建设工程质量监督站

成都市建工科学研究设计院
成都建工路桥建设有限公司
成都市城市建设科学研究院
成都市第二建筑工程公司
成都市第四建筑工程公司
成都建工工业化建筑有限公司
四川宏大建筑工程有限公司
浙江省建工集团有限责任公司四川分公司

主要起草人：张　静　李善继　和德亮　陈顺治
蒋毅宇　冯身强　吴　涛　谢惠庆
邓家勋　金永树　林　裕　陈　静
罗小东　杨　艳　梁　林　贾鹏坤
陈朝晖　廖文强　丁威仁　章红光
殷　昊　魏英杰　相晓咸　杨　洋
方根波　张　敏　何跃军

主要审查人：秦　钢　李固华　董武斌　谭　强
赵常颖　罗进元　达　帆

目　次

Contents

1 总 则

1.0.1 为了规范四川省市政工程清水混凝土施工与质量验收工作，做到技术先进、经济合理、安全适用，制定本规程。

1.0.2 本规程适用于四川省新建、改建市政工程清水混凝土的施工与质量验收。

1.0.3 市政工程清水混凝土的施工与质量验收除应符合本规程外，尚应符合国家和四川省现行有关标准的规定。

2 术 语

2.0.1 清水混凝土 fair-faced concrete

直接利用混凝土成型后的自然质感作为饰面效果的混凝土。

2.0.2 普通清水混凝土 standard fair-faced concrete

表面颜色无明显色差，并以其自然状态做外装饰，无其他特殊处理的清水混凝土。

2.0.3 饰面清水混凝土 decorative fair-faced concrete

表面光滑、色泽均匀，由规律性线条或孔眼等组合形成的、以自然质感为饰面效果的清水混凝土。

2.0.4 装饰清水混凝土 formlining fair-faced concrete

表面形成装饰图案、镶嵌装饰物或彩色的清水混凝土。

2.0.5 明缝 visible joint

凹入混凝土表面的分格线或装饰线。

2.0.6 蝉缝 panel joint

模板面板拼缝在混凝土表面留下的细小痕迹。

3 基本规定

3.0.1 市政工程清水混凝土可分为普通清水混凝土、饰面清水混凝土和装饰清水混凝土。装饰清水混凝土的质量要求应由设计确定。

3.0.2 市政工程清水混凝土施工应编制专项施工方案，施工前宜做样板并应做好专项技术交底。市政工程清水混凝土工程应进行施工图深化设计，包括清水混凝土饰面效果设计、模板设计及预埋件、预留孔洞处理。

3.0.3 市政工程清水混凝土施工应进行全过程质量控制，在上一道施工工序质量检测合格后再进行下一道施工工序。

3.0.4 对于饰面效果要求相同的市政工程清水混凝土，其材料和施工工艺应保持一致。

3.0.5 处于潮湿环境和干湿交替环境的清水混凝土，应选用非碱活性骨料。

3.0.6 大体积市政工程清水混凝土施工应按设计文件和大体积混凝土施工相关的国家现行标准的要求进行。

3.0.7 有防水和人防等要求的市政清水混凝土构件，必须采取防裂、防渗、防污染及密闭等措施，其措施不得影响混凝土饰面效果。

4 材料选择

4.1 一般规定

4.1.1 市政工程清水混凝土施工使用的材料，除满足本规程清水混凝土相关要求外，尚应符合国家现行有关标准、设计文件的规定。

4.1.2 市政清水混凝土工程采用的新技术、新工艺、新材料、新设备应按有关规定进行评审。

4.2 模 板

4.2.1 用于市政工程清水混凝土的模板除应满足本规程的规定外，还应符合国家现行标准《混凝土结构工程施工规范》GB 50666、《混凝土结构工程施工质量验收规范》GB 50204、《建筑工程大模板技术规程》JGJ 74、《钢框胶合板模板技术规程》JGJ 96、《清水混凝土应用技术规程》JGJ 169 和《城市桥梁工程施工与质量验收规范》CJJ 2 等的相关规定。

4.2.2 市政工程清水混凝土模板体系的选型应根据混凝土结构要求及工程的实际情况确定，并应满足清水混凝土质量要求；模板宜采用定型模板，模板体系应技术先进、构造简单、支拆方便、经济合理。

4.2.3 模板应具备下列技术条件及质量要求：

1 板面平整光滑、无变形、无翘曲、不脱色；脱模容易，应能保证脱模后所需的饰面效果。

2 模板的强度和刚度满足规范要求，耐水性、透气性和加工性能良好。

3 应做到定型化拼装。

4 其他要求应符合现行相关标准的规定。

4.2.4 模板骨架材料宜采用金属标准型材、木梁、钢木组合梁、铝梁等材料，骨架材料应平直、截面尺寸偏差在相关规范规定范围内，应有足够的强度、刚度，且满足受力和变形要求。

4.2.5 模板配件可采用模板专用夹具、钩头螺栓、对拉螺栓等金属材料，应满足模板体系的连接加固要求。

4.2.6 根据清水混凝土的外观质量要求、施工工艺、模板周转次数等要求，确定模板类型。

4.2.7 模板材质应符合下列规定：

1 钢木结构大模板体系中的模板面板应质地坚硬、表面光滑平整、无裂纹和龟纹、色泽一致、厚薄均匀、耐磨性好，并具有足够的刚度，宜采用厚度 15 mm 以上，表面覆膜质量不小于 120 g/m^2 的多层木胶合板作为面板。

2 钢框胶合板模板体系中的钢框应保证模板的侧向刚度，宜采用热轧型钢，材质宜选用不宜低于 Q235，其材质应分别符合现行国家标准《碳素结构钢》GB/T 700、《低合金高强度结构钢》GB/T 1591 的规定，模板的中间肋可选用焊接矩管，焊接平整光滑。胶合板面板耐磨性高，面板的工作面应采用具有完整且牢固的酚醛树脂面膜或具有等同酚醛树脂性能的其他面膜。

3 全钢定型模板体系中所用的钢材材质不低于 Q235，模板的面板选用钢板制作，厚度由计算确定，其他专用模板可根据模板受力计算选用面板。大模板面板宜进行边口处理，模板的肋和背楞宜采用型钢、冷弯薄壁型钢等制作，材质宜与钢面板材质化学成分相同，以保证焊接可靠性。根据清水混凝土表面装饰要求可在模板面板上焊接或螺栓固定图案、线条等装饰物。

4 不锈钢贴面模板体系中的不锈钢面板应采用镜面不锈钢板，固定于钢模板或木模板表面，不锈钢面板接缝必须严密，边肋及加强肋安装牢固，与模板成一整体。

5 铝合金模板体系中铝合金模板材质宜采用 6061T6，材料应具有良好的可焊接性和抗腐蚀性；面板宜采用 3 mm ~ 4 mm 厚铝合金板材制作，背肋应采用相同材料的铝合金型材，其他配件包括背楞、支撑等材料应满足强度和刚度要求。

6 当设计对清水混凝土表面有特殊要求时，选用的模板材料应满足设计要求。

7 模板吊环的数量、材质、规格、位置、焊缝及连接螺栓应经计算确定，应具有足够的安全储备，并满足现行国家标准《混凝土结构设计规范》GB 50010、《钢结构设计规范》GB 50017、《钢结构工程施工质量验收规范》GB 50205、《建筑工程大模板技术规程》JGJ 74、《公路桥涵施工技术规范》JTG/T F50 等规定，严禁采用冷加工钢筋。

4. 2. 8 模板漆（脱模剂）应具备下列技术条件：

1 模板漆（脱模剂）的选用应考虑模板的种类、混凝土表面效果和施工条件。

2 能有效减小混凝土与模板之间的吸附力，并应有一定的成膜强度。

3 脱模后应能满足清水混凝土表面质量的要求，具有良好的隔离性能，易涂刷、易清除、无毒无害。

4 不污染和锈蚀模板。

4.3 钢 筋

4.3.1 市政工程清水混凝土采用的钢筋应符合设计文件及国家现行标准的规定。

4.3.2 钢筋表面应清洁无污染，表面有颗粒状、片状老锈或有损伤的钢筋不得使用。

4.3.3 清水混凝土的表层间隔件应根据功能要求进行专项设计，除应符合《混凝土结构用钢筋间隔件应用技术规程》JGJ/T 219的规定外，尚应符合下列要求：

1 具有足够的承载力、刚度、稳定性和耐久性，不得影响清水混凝土的饰面效果。

2 不应降低混凝土结构的耐久性，不能影响结构的受力性能。

4.4 混凝土原材料

4.4.1 市政工程清水混凝土采用的水泥应符合下列规定：

1 宜采用强度等级不低于42.5级的硅酸盐水泥、普通硅酸盐水泥，水泥质量必须符合现行国家标准《通用硅酸盐水泥》GB 175的规定。

2 同一结构工程混凝土应采用同一生产厂家、同一品种的水泥，应保持不同批次间水泥性能稳定且颜色一致。

3 用于大体积清水混凝土的水泥宜选用中、低热硅酸盐水泥。

4 水泥质量主要控制项目应包括凝结时间、安定性、胶砂强度、氯离子含量和碱含量。

4.4.2 骨料应符合下列规定：

1 应符合现行国家标准《建设用砂》GB/T 14684、《建设用碎石、卵石》GB/T 14685 等的规定。

2 粗骨料应采用连续级配、最大粒径不大于 31.5 mm 的碎石，其含泥量小于 1.0%，泥块含量小于 0.2%，针片状颗粒含量小于 10%。

3 细骨料宜采用Ⅱ区中砂，泥块含量小于 1.0%，使用天然砂时含泥量应小于 3.0%，使用机制砂时石粉含量应符合《建设用砂》GB/T 14684 的规定。

4 同一结构工程混凝土所用骨料应选用同一产地、颜色均匀一致、质量稳定且不含有杂物。处于潮湿环境和干湿交替环境的混凝土，应选用非碱活性骨料。

4.4.3 拌合用水和养护用水应符合现行行业标准《混凝土用水标准》JGJ 63 的规定；同一结构工程应采用同一水源的水，拌合用水不应使用搅拌站回收浆水。

4.4.4 外加剂应符合下列规定：

1 混凝土中掺用的外加剂应符合现行国家标准《混凝土外加剂》GB 8076、《混凝土外加剂应用技术规范》GB 50119 的规定。

2 外加剂应质量稳定，与水泥适应性好，所拌混凝土含气量不宜大于 3.0%，不影响混凝土的颜色。

3 同一结构工程混凝土所用同种类外加剂应选用同一厂家、颜色均匀一致、质量稳定的外加剂。

4.4.5 矿物掺合料应符合下列规定：

1 宜选用硅灰、粉煤灰、粒化高炉矿渣粉、石灰石粉等，应符合国家现行标准《砂浆和混凝土用硅灰》GB/T 27690、《矿物掺合料应用技术规范》GB/T 51003、《用于水泥和混凝土中的粉煤灰》GB/T 1596、《用于水泥和混凝土中的粒化高炉矿渣粉》

GB/T 18046、《石灰石粉在混凝土中应用技术规程》JGJ/T 318、《混凝土用复合掺合料》JG/T 486 等的规定。

2 硅灰中的 SiO_2 含量应不小于 90%。

3 粉煤灰宜选用质量稳定、颜色一致的Ⅰ级或者Ⅱ级粉煤灰。

4 粒化高炉矿渣粉宜选用 S75 级及以上。

5 石灰石粉的碳酸钙含量应不小于 75%。

6 矿物掺合料采用同一生产厂家的同一品种，不同批次的产品应颜色一致、性能稳定。

5 混凝土配合比设计

5.1 一般规定

5.1.1 市政工程清水混凝土配合比设计应符合国家现行标准《混凝土结构工程施工质量验收规范》GB 50204、《普通混凝土配合比设计规程》JGJ 55 的规定。配合比设计除应满足设计和施工的要求外，还应满足混凝土外观质量、耐久性、体积稳定性和经济性要求。

5.1.2 市政工程大体积清水混凝土宜采用混凝土 60 d 或 90 d 强度作为指标，并将其作为混凝土配合比的设计依据。

5.2 配合比设计

5.2.1 单位用水量应根据骨料的品种、粒径以及施工技术要求的混凝土坍落度值选择，可参考相关标准及施工单位经验选用，混凝土水胶比不应大于 0.45。

5.2.2 单位混凝土的胶凝材料用量应按水胶比计算，每立方米混凝土的胶凝材料总量不宜小于 350 kg。混凝土中应使用矿物掺合料，掺合料总量不宜超过总胶凝材料量的 45%。

5.2.3 混凝土砂率应根据骨料的性能指标、混凝土拌合物性能和施工要求，参考历史资料确定。粗、细骨料用量可按现行标准《普通混凝土配合比设计规程》JGJ 55 规定的质量法或体积法计算得到。

5.2.4 计算配合比应按现行标准《普通混凝土配合比设计规程》JGJ 55 规定的试配、调整等步骤最后确定施工配合比。大体积清水混凝土配合比试验时，应进行水化热、泌水率、可泵性等对大体积混凝土控制裂缝所需的技术参数的试验；在确定配合比时，应根据混凝土的绝热温升、温控施工方案的要求等，提出混凝土制备时粗细骨料和拌合用水及入模温度控制的技术措施。

6 施工工艺

6.1 一般规定

6.1.1 清水混凝土施工前应做好技术准备、物资准备、劳动力准备等工作。

6.1.2 同一清水混凝土结构应采用相同技术要求的混凝土原材料，同一饰面效果混凝土结构应采用相同的模板和模板漆（脱模剂）。

6.1.3 清水混凝土施工前宜做样板。样板应经建设单位、设计单位、监理单位和施工单位共同确认，满足设计意图及质量要求后，作为工程质量验收的参照。

6.2 模板工程

6.2.1 清水混凝土模板的设计应符合下列要求：

1 大模板的设计应符合现行行业标准《建筑工程大模板技术规程》JGJ 74、《建筑施工模板安全技术规范》JGJ 162、《钢框胶合板模板技术规程》JGJ 96 等的有关规定。

2 清水混凝土模板体系设计宜构造简单、支撑牢固、装拆方便，尺寸标准化，少拼装接缝。

3 同一饰面效果混凝土结构应采用相同的模板和模板漆

（脱模剂）。

4 模板设计应考虑运输、储存和装拆过程中模板不变形、面板不损坏。

6.2.2 模板的设计计算应符合下列规定：

1 清水混凝土模板的设计应包含下列内容：

1）模板及支撑结构设计计算和模板加工图设计。

2）应根据清水混凝土的外观质量、施工流水段的划分、模板周转次数等要求，确定模板类型及对拉螺栓的类型和构造；对模板周转次数要求高的工程，宜选用全钢模板。

3）模板的平面配模设计、面板分割设计和对拉螺栓排布设计。

4）支模构造和细部节点设计要求。

5）模板面板的拼缝和相邻模板支模接缝的构造密封或材料密封设计。

6）支撑结构的地基基础及承载力计算。

2 模板配板、分块及分割设计应符合下列规定：

1）模板分块应定型化、整体化、模数化和通用化，宜按整体式大模板体系进行配模设计。

2）结构竖面模板宜以结构中心线对称、均匀布置，上下接缝位置宜设于变截面或其他分格线位置。

3）面板宜竖向布置，也可横向布置，但不得双向布置。当整块面板排列后尺寸不足时，宜采用大于 600 mm 宽面板补充，设于中心位置或对称位置；当采用整张排列后出现较小余数时，应调整面板规格或分割尺寸。拼接缝位置设在与背枋压缝处。

4）面板为钢板时，其分割缝宜竖向布置；钢板需竖向接高时，其模板横缝应在同一高度。

5）水平结构模板宜采用木胶合板作面板，应按均匀、对称、横平竖直的原则做排列设计；对于弧形平面，宜沿径向辐射布置。

3　普通清水混凝土模板不宜设置对拉螺栓。装饰清水混凝土模板需设置对拉螺栓时，对拉螺栓孔的排布应满足规律性、周期性和对称性的装饰效果。

4　模板计算应符合下列规定：

1）模板结构的设计计算应根据其结构形式综合分析模板结构特点，选择合理的计算方法，并应在满足强度要求的前提下，计算其变形值。

2）计算模板的变形时，应以满足清水混凝土表面要求的平整度为依据。

3）验算模板及其支架的刚度时，最大变形值不得超过模板构件计算跨度的 1/400。

5　模板的拼缝和装饰设计应符合下列要求：

1）应对模板面板进行拼缝设计，绘出排版图，拼缝应使混凝土饰面形成有规律性的装饰线条。

2）对异型结构面板，应将异型模板尽量拼接到边部，或拼接成美观的图案。

3）圆柱模板的竖缝应设于轴线位置。

4）矩形柱模板一般不设竖缝。当柱宽较大时，其竖缝宜设于柱宽中心位置。柱模板分割后的余数宜放在地面以下或柱顶端。

6 模板细部设计应符合下列要求：

1）应符合模板设计整体构思，确保模板施工拆装、拼接、错让等的可操作性。

2）设计方法应构思合理，确保足够的强度和刚度。

3）设计应遵循通配通用的原则，保持施工方法的一致性，减少材料浪费。

6.2.3 模板的加工制作应符合下列要求：

1 模板应按模板设计图加工制作，严格控制加工精度，保证模板的强度、刚度、稳定性和表面平整度，接缝严密。

2 大模板制作放线应精确定位，减小测量累计误差。

3 模板配件应符合要求，经检验合格才能使用。

4 饰面清水混凝土采用钢模板制作时，面板应在抛光处理后及时涂刷模板漆（脱模剂），并做好防锈处理。

5 模板面板拼缝处应进行防漏浆处理，模板边缘应进行校核调直及洗边处理。处理后的拼缝应保持面板的平整度，且不得使混凝土表面着色。

6 模板制作时，应在模板加工厂进行试拼装。验收合格后方可出厂。试拼装时，异型模板应整体拼装，同尺寸截面模板可分段拼装。异型模板整体拼装时，应按现场使用时的模板姿态进行拼装，尽量少采用卧式拼装和上下颠倒式拼装。

6.2.4 模板运输、安装应符合下列要求：

1 模板装卸时应妥善放置，并有保护措施，防止模板变形、损坏；吊运前应采取必要的措施防止模板变形。

2 模板必须慢起轻放，避免模板的机械性损坏和安全事故发生。

3 模板进场后，应按设计要求对模板及配件的质量进行验收，清点模板和配件，确认其型号、数量。

4 模板安装前应对样板模板进行试安装，验收合格后方可正式安装。

5 模板安装前均匀地涂刷模板漆（脱模剂），在涂刷模板漆（脱模剂）前应对模板表面进行清理和质量检查，并调整影响模板安装的钢筋。

6 应根据专项方案确定模板的安装顺序，按模板编号安装就位，保证拼缝严密和方便拆除。

7 安装模板应搭设必要的临时支撑架和操作架。吊装模板时，应妥善保护模板面和边角，防止损伤，不得使模板受到弯曲、碰撞。应采取措施避免钢筋骨架和操作工具损伤模板漆。

8 模板之间应连接紧密，模板拼接缝处防漏浆措施应完整、有效；安装对拉螺栓和连接件应正确对位，不得硬拉硬撬损伤模板；对拉螺栓安装时注意拧紧顺序使锁紧程度一致；模板的支承体系和连接件应设置齐全，支撑和固定应牢固，保证受力均匀。

9 模板安装就位后，应对缝隙及连接部位采取密封措施。

10 模板安装完毕后应进行检查验收。

11 模板安装完毕后应清除模板内的水锈、油漆等易污染混凝土表面的污染物，并将板面清理干净。

12 在混凝土浇筑过程中应进行监测，若有倾斜或变形，应及时调整，以恢复正确位置。

6.2.5 模板拆除应符合下列规定：

1 模板及支架的拆除，除应符合《混凝土结构工程施工质量验收规范》GB 50204、《建筑施工模板安全技术规范》JGJ 162、《钢框胶合板模板技术规程》JGJ 96 等规定，还应符合下列规定：

1）非承重侧模板应在混凝土强度能保证其表面及棱角不因拆模而受损坏时方可拆除，一般系梁、盖梁和高度在 3 m 以内的墩柱，混凝土强度在 10 MPa 以上才能拆除侧模，高度在 3 m ~ 12 m 的墩柱，混凝土强度达到 15 MPa 才能拆除侧模。

2）拆模的时间除应满足混凝土强度指标外，还应根据施工环境温度选择拆模时间。当环境温度为（5 ~ 15）°C 时，拆模时间宜大于 48 h，当环境温度高于 15 °C 时，拆模时间宜大于 36 h。

3）承重模板应在清水混凝土强度达到结构混凝土设计强度或设计文件规定的强度时，方可拆除。

4）芯模和预留孔道的内模应在清水混凝土强度能保证其表面不发生塌陷和裂缝现象时，方可拔除。

5）现浇预应力混凝土结构底模和支架应在预应力钢筋锚固、孔道压浆、封锚后混凝土强度达到设计要求或满足设计文件规定时，方可拆除。

2 选择拆模工具和拆模方式时，应以保护混凝土外观质量为前提，不得硬撬硬拆损伤混凝土结构和模板。

3 模板拆除应按照设计或方案规定的顺序进行，设计无规定时，应遵循先非承重部位，后承重部位；先外侧、后内侧的原则。

6.2.6 模板保养应符合下列规定：

1 拆下的模板及配件等，严禁抛扔及随意堆放，应吊至地面，维修整理，堆码整齐，以备周转。

2 模板面板不得污染、磕碰；胶合板面板切口处必须刷两遍封边漆，避免因吸水翘曲变形；螺栓孔眼必须有保护垫圈。

3 模板拆除后应及时清理模板上黏结的混凝土灰浆及多余的焊件或绑扎件，修理受损伤的模板，涂刷隔离剂整齐堆放备用。

4 模板平放时背楞向下，面对面或背对背的堆放，严禁将面板朝下接触地面。模板面板之间加毡子以保护面板。

5 成品模板存放于专门制作的钢管架上或底部支设垫木，底面应垫离地面 20 cm 以上，垫点应保证不使模板产生变形，保证排水畅通，避免潮湿，叠放高度不超过 2 m。

6 模板储存时，应采取必要的防晒、防雨措施，防止产生变形、分层或翘曲。

7 检查加劲肋、背楞和其他构配件及焊缝，如有弯曲变形或开裂，应严格按质量要求修复或更换。

8 控制模板的周转次数，定期检查模板质量、维修和保养，对于损伤严重的模板应停止使用。

9 涂刷模板漆（脱模剂）的模板在安装前应妥善保管，注意防尘、防雨、防晒和损伤。

6.3 钢筋工程

6.3.1 钢筋下料与加工应符合下列规定：

1 钢筋表面应洁净，受污染锈蚀的钢筋不宜使用；严重锈蚀的钢筋不得使用。

2 钢筋加工的尺寸和形状应符合规范和设计要求，确保成型钢筋的尺寸准确，保证钢筋弯钩两边角度、长度的统一。

3 钢筋放样时应充分考虑到钢筋在弯曲加工中的延伸率，防止转角及交会处因弯曲钢筋顶碰模板，严禁钢筋、焊接头、机械连接头、绑扎丝等接触模板，保证混凝土保护层满足要求，且满足其距混凝土表面的距离不得小于 15 mm。

6.3.2 钢筋的堆放与保护应符合下列要求：

1 钢筋应堆高存放，堆放时不得与泥土、水及油污直接接触，防止污染、锈蚀。

2 无棚场地堆放时，应采取覆盖措施，防止雨、水、气锈蚀钢筋。

3 钢筋宜随进随用，避免因在现场旋转时间长而产生浮锈，污染模板影响清水混凝土的饰面效果。

4 成型的钢筋，应分批分类堆放整齐，并挂标志牌，现场做到整洁清晰，堆放有序，便于查找使用。

6.3.3 钢筋绑扎与焊接应符合下列规定：

1 钢筋绑扎前，应对成品钢筋的钢号、直径、形状、尺寸和数量等进行复检，与配料单相符。

2 钢筋绑扎前表面应除锈。

3 绑扎丝应选用无锈镀锌铁丝，每一竖向筋与水平筋交叉点均绑扎，绑扎丝头拧紧应不少于两圈，且成八字形紧固，绑扎丝头均应全部折向钢筋骨架内部。

4 必须确保钢筋在模板中的定位准确，宜采用专用混凝土垫块，或设计文件规定的措施控制钢筋保护层厚度。不得在混凝土表面出现垫块痕迹。

5 钢筋保护层的垫块颜色应与清水混凝土的颜色接近，放置应具有规律性（一般呈梅花形布置形式），并固定牢固。

6 钢筋绑扎时，预埋件的埋设必须准确、牢固。

7 钢筋入模过程中严禁碰伤模板。

8 钢筋及预制构件电焊施工，应采取措施防止焊渣落入模板表面，焊点处焊渣应清除干净。

9 钢筋绑扎后应采取必要的防雨措施。

6.4 混凝土工程

6.4.1 混凝土搅拌应符合下列规定：

1 搅拌应符合《混凝土质量控制标准》GB 50164 的规定，优先选用预拌混凝土，其拌合应符合《预拌混凝土》GB/T 14902 的规定。

2 清水混凝土搅拌应采用专门的生产线和运输设备。在生产供应清水混凝土的台班内，不得在同一条生产线上穿插生产其他规格、品种的混凝土。

3 同一结构工程所用混凝土应保证原材料一致。

4 混凝土拌合物应工作性良好，颜色均匀。

5 混凝土的搅拌时间宜在普通混凝土基础上延长 20 s ~ 30 s。

6 混凝土生产过程中，必须按配合比进行投料，控制水胶比、投料顺序和搅拌时间，根据气候变化随时抽验砂、石的含水率，及时调整用水量。

6.4.2 混凝土运输应符合下列规定：

1 合理安排调度，避免在浇筑过程中混凝土积压或供应中断。

2 清水混凝土拌合物的运输宜采用专用搅拌运输车。搅拌运输车不得穿插运输其他混凝土。装料前运输车罐内应清洁、无积水。

3 搅拌运输车到达浇筑现场时，应使搅拌运输车罐体高速旋转 20 s ~ 30 s，再将混凝土拌合物卸出，当混凝土坍落度损失较大不能满足施工要求时，可在运输车罐内加入适量的与原配合比相同成分的减水剂。减水剂加入量应事先由试验确定，并应作记录。加入减水剂后，搅拌运输车罐体应快速旋转搅拌均匀，并应达到要求的工作性能后再泵送或浇筑。

4 在混凝土拌合物的运输和浇筑过程中，严禁向混凝土拌合物中加水。

5 采用泵送施工方式时应符合《混凝土泵送施工技术规程》JGJ/T 10 中的相关规定，并符合下列规定：

1）大高程泵送时，在水平管与垂直管之间，应选用曲率半径大的弯管过渡；向下泵送混凝土时，管路与垂线的夹角不宜小于 12°。

2）应保持混凝土连续泵送，或降低泵送速度，维持泵送的连续性。停泵时间超过 15 min 时，应每隔 4 min ~ 5 min 开泵一次，使泵机进行正转和反转两个冲程，同时开动料斗搅拌器，防止料斗中混凝土离析。

6 混凝土应进行坍落度测试，检查混凝土拌合物工作性能；对不符合颜色和工作性能要求的拌合物严禁使用，并做好记录；输送车、泵、管每次清洗应排净积水，避免影响水胶比。

6.4.3 混凝土浇筑应符合下列规定：

1 混凝土浇筑前，模板、钢筋、保护层和预埋构件应符合《混凝土结构工程施工质量验收规范》GB 50204 的规定，应完成隐蔽工程验收、清理模板内的杂物，保持模内清洁、无积水等工作。采用泵送施工方式浇筑时应符合《混凝土泵送施工技术规程》JGJ/T 10 的相关规定。

2 在浇筑过程中，应控制混凝土的均匀性和密实性，入泵坍落度范围宜为 160 mm ~ 220 mm，在满足施工要求的前提下，尽可能选择较低的坍落度。

3 可先在底部浇筑一层不大于 30 mm 厚与混凝土成分相同的同强度等级的水泥砂浆。

4 为保证浇筑深处混凝土的捣实，混凝土分层浇筑的厚度不宜超过表 6.4.3-1 的规定。

表 6.4.3-1 混凝土分层浇筑厚度

捣实方法	配筋情况	浇筑厚度（mm）
用插入式振动器	—	300
用附着式振动器	—	300
用表面振动器	无筋或配筋稀疏时	250
	配筋较密时	150

注：表列规定可根据结构和振动器型号等情况适当调整。

5 混凝土浇筑时，应尽量缩短浇筑时间间隔，防止引起色差，避免分层面产生冷缝。混凝土振动点应从中间开始向边缘分布，且布棒均匀，层层搭扣，遍布浇筑的各个部位，应保持浇筑的连续性。

6 振捣过程中应避免碰撞模板、钢筋及预埋件。应选用插入式振动棒、附壁式振捣器或表面平板振捣器振捣混凝土。

7 应按事先规定的工艺路线和方式将入模的混凝土振捣密实，每一点的振捣时间不宜超过 30 s，以表面呈平坦泛浆、无气泡逸出为止。严禁漏振、过振、欠振。

8 采用插入式振动棒振捣混凝土时，宜采用垂直点振方式振捣，插入间距不应大于振动棒作用半径的 1.4 倍。连续多层浇筑时，插入式振动棒应插入下层混凝土不应小于 5 cm，使浇筑的混凝土形成均匀密实的结构。振捣过程中，应尽可能减少砂浆飞溅，及时清理溅在模板内侧的砂浆。浇筑混凝土时，振捣棒采用“快插慢拔”、均匀的梅花布点，使混凝土振捣密实；振动棒与模板的距离不应大于振动棒作用半径的 0.5 倍。

9 混凝土自由下料高度应控制在 2 m 以内，否则应采用串筒、溜管或振动溜管浇筑。应采取措施防止混凝土在入模时直接连续冲击侧模。

10 混凝土的浇筑应采用分层连续推移的方式进行，混凝土的一次浇筑厚度不宜大于 50 cm。

11 混凝土先后两次浇筑的间隔时间不宜超过 30 min，第二次浇筑前，要将上次混凝土顶部的 150 mm 厚的混凝土层重新振捣。加入引气剂的混凝土浇筑时应进行二次振捣。

12 混凝土浇筑时，应观察模板、支架、钢筋、预埋件和预留孔洞的情况，当发现有变形、移位时，应立即停止浇筑，并应在已浇筑的混凝土凝结前校正到位。

13 清水混凝土结构需分次浇筑时，混凝土浇筑至标高以上 50 mm 处，拆模后剔出表面混凝土至设计标高，保证上下两层黏结强度。

14 在炎热气温浇筑混凝土时，应避免模板和新浇混凝土直接受阳光照射，保证混凝土入模前模板和钢筋的温度不超过

35 °C，以及附近的局部气温不超过 40 °C。可采用仓面喷雾的方式进行降温，并宜安排在傍晚和夜间浇筑混凝土。在相对湿度较小、风速较大的环境下浇筑混凝土时，应采取适当挡风等措施，并避免浇筑有较大暴露面积的构件。

15 浇筑大体积混凝土时，应采取必要控温措施，混凝土浇筑体在入模温度基础上的温升值不宜大于 50 °C；浇筑体中心温度与表层温度的最大温差以及混凝土表层温度与周边气温的最大温差均不宜大于 25 °C。

16 新浇筑混凝土与邻接的已硬化混凝土或岩土介质间浇筑时的温差不得大于 15 °C。

17 预应力混凝土预制件应一次浇筑成型，每个构件的浇筑时间不宜超过 6 h，最长不超过混凝土的初凝时间。

18 在现浇结构采用模板一次安装成型，确需分两次或多次浇筑混凝土时，在下次混凝土入模前，应清除上次混凝土浇筑时吸附在模板面上的溅浆，要注意不得使用坚硬的工具。

19 混凝土浇筑时施工缝应符合下列规定：

1）施工缝宜留设在明缝和蝉缝处，且宜设在结构受剪力和弯矩较小、便于施工的部位，并应在混凝土浇筑之前确定。施工缝不得呈斜面。

2）后续混凝土浇筑前，应先剔除施工缝处松动石子或浮浆层。凿除时的混凝土强度，水冲法应达到 0.5 MPa；人工凿毛应达到 2.5 MPa；机械凿毛应达到 10 MPa。经凿毛处理的混凝土面，应清除干净，然后浇水湿润旧混凝土表面并不得留有明水。浇注混凝土前用厚度为 10 mm ~ 20 mm 与混凝土配比相同的砂浆做底，随后浇筑混凝土。

3）在浇筑新旧混凝土交界面混凝土时，振动棒不得触碰旧混凝土面，亦不能远离旧混凝土，应使振动棒与旧混凝土面的距离保持在 50 mm 左右，以使混凝土的石子在振捣时均匀地进入座底砂浆内，并使交界处混凝土得到充分振捣，保证新旧混凝土接缝严密。

4）重要部位及有抗震要求的混凝土结构或钢筋稀疏的混凝土结构，应在施工缝处补插锚固钢筋；有抗渗要求的施工缝宜做成凹形、凸形或设止水带。

5）施工缝处理后，应待下层混凝土强度达到 2.5 MPa 后，方可浇筑后续混凝土。

20 应采取必要措施防止清水混凝土浇筑后出现“冷缝”和裂缝的发生。

21 在不同强度等级构件节点进行混凝土浇筑时，应在节点处的交界区域采取分隔措施。分隔位置应设置在低强度等级的构件中，且距高强度等级构件边缘不应小于 500 mm。

22 混凝土的浇筑应连续进行，如因故间断时，其间断时间应小于前层混凝土的初凝时间。混凝土运输、浇筑及间歇的全部时间不得超过表 6.4.3-2 的规定。

表 6.4.3-2 混凝土运输、浇筑及间歇的全部允许时间（min）

气温（°C）	≤25	>25
≤C30	210	180
>C30	180	150

注：C50 以上混凝土和混凝土中掺有缓凝型外加剂或采用快硬水泥拌制的混凝土，其延续时间应按试验确定。

6.4.4 大体积混凝土施工应符合下列规定：

1 大体积混凝土工程施工前，宜对施工阶段大体积混凝土浇筑体的温度、温度应力及收缩应力进行试算，并确定施工阶段大体积混凝土浇筑体的升温峰值，里表温差及降温速率的控制指标，制定相应的温控技术措施。

2 大体积混凝土施工前，应做好各项施工前准备工作，并与当地气象部门联系，掌握近期气象情况，必要时增添相应的技术措施。在冬期施工时，尚应符合有关混凝土冬期施工的国家现行标准。

3 大体积混凝土施工时，应根据结构、环境状况采取减少水化热的措施。

4 大体积混凝土应均匀分层、分段浇筑，并应符合下列规定：

1）分层混凝土厚度宜为 1.5 m～2.0 m。

2）分段数目不宜过多，当横截面面积在 200 m^2 以内时不宜大于 2 段，在 300 m^2 以内时不宜大于 3 段，每段面积不得小于 50 m^2。

3）上、下层的竖缝应错开。

5 大体积混凝土应在环境温度较低时浇筑，浇筑温度（振捣后 50 mm ~ 100 mm 深处的温度）不宜高于 28 °C。

6 大体积混凝土可采取循环水冷却、蓄热保温等控制体内外温差的措施，并及时测定浇筑后混凝土表面和内部的温度，其温差应符合设计要求，当设计无规定时不宜大于 25 °C。混凝土浇筑体在入模温度基础上的温升值不宜大于 50 °C。混凝土浇筑体的降温速率不宜大于 2.0 °C/d。混凝土浇筑体表面与大气温差不宜大于 25 °C。

6. 4. 5 混凝土的养护应符合下列规定：

1 在大风或高温季节浇筑混凝土，特别是在暴晒的情况下，应对新浇混凝土面及时采取薄膜或彩条布等不透水材料临时覆盖，在后续工序操作时，揭开覆盖物进行二次振捣和压抹，所有操作完成后，用薄膜严密覆盖。

2 混凝土拆模后应立即进行保湿蓄热养护。可采用塑料薄膜、彩条布、保温棉毡覆盖或涂刷水性养护剂加覆盖等措施，使混凝土在规定的养护期内始终处于有利于硬化强度增长的温湿度环境中。养护期间应注意保持混凝土的内外温差和降温速率并控制在允许的范围内。离地 2 m 以内宜用塑料布包裹保护。

3 清水混凝土的竖向结构养护不得采用淋水养护直接喷淋混凝土表面，模板拆除后应及时用塑料薄膜包裹。

4 不得采用对混凝土表面有污染的养护材料和养护剂，对同一视觉范围内的混凝土应采用相同的养护措施。

5 在预应力后张拉施工前，应对清水混凝土结构张拉端面进行严实的包裹保护，防止水泥浆污染混凝土表面。

6 大体积混凝土湿润养护时间不得少于 14 d，高温期施工湿润养护时间不得少于 28 d。

7 混凝土养护期间，施工和监理单位应对混凝土的养护过程作详细记录，并建立严格的岗位责任制。

6.4.6 混凝土冬期施工应符合下列规定：

1 当工地昼夜平均气温连续 5 d 低于 5 °C 或最低气温低于 – 3 °C 时，应确定混凝土进入冬期施工，清水混凝土应遵照冬期施工的规定执行。

2 在冬期施工中，应采取下列措施满足清水混凝土的表面效果：

1）在微冻地区，日平均温度在 0 °C 以上时，宜采用蓄热养护，在混凝土浇筑完毕后，立即用塑料薄膜严密覆盖、在塑料薄膜外覆盖对清水混凝土无污染、阻燃的保温材料，利用混凝土本身的水化热养护。同时留置好同条件养护试块，作为判断现场混凝土强度之用。

2）在寒冷地区，混凝土需掺入防冻剂时，应经试验对比，确认混凝土表面不得产生明显色差和析出物。

3）必要时混凝土搅拌应对拌合用水采取加温、对细集料场下应埋设加热管、清除砂石中的冻结块等措施，提高混凝土的出机温度；同时混凝土罐车和输送泵应有保温措施，保持混凝土入模温度不低于 5 °C。

4）清水混凝土施工过程中应有遮挡或覆盖等防风措施，防止在风力较大时带走水分和热量。当室外气温低于 -15 °C 时，不得浇筑混凝土。

7 混凝土成品保护及饰面

7.1 一般规定

7.1.1 清水混凝土成品保护及饰面施工前应根据设计要求、工程特点、所处环境等因素制订施工方案。

7.1.2 清水混凝土成品保护与饰面施工应做好施工协同，加强施工管理。

7.2 成品保护

7.2.1 现场必须建立健全成品保护制度，提高全体现场施工人员自觉保护清水混凝土成品意识，施工前应对施工作业人员进行专项交底，做到安全文明施工，并设专人负责混凝土成品保护工作。

7.2.2 清水混凝土后续施工过程不得损伤或污染已完成的成品清水混凝土，并应符合下列要求：

1 清水混凝土结构水平施工缝处，每次混凝土浇筑完成后宜采取截水引流措施，保护已浇筑混凝土成品。

2 当挂架、脚手架、吊篮等与成品清水混凝土表面接触时，应使用不掉色的垫衬保护。

7.2.3 清水混凝土成型后应采取下列措施保护：

1 清水混凝土立面构件应采用塑料薄膜包裹覆盖等方式保护，塑料薄膜搭接时应采用上压下的方式，搭接部位应密封严密；

易破损的部位，应安装硬质护角。

2 清水混凝土平面构件，应采取无污染的保护措施。

7.2.4 施工通道宜避开清水混凝土构件，无法避开时，应采取有效的保护措施防止对清水混凝土构件造成污染。

7.2.5 严禁随意剔凿成品清水混凝土表面。确需剔凿时，应制定专项施工措施。

7.3 饰 面

7.3.1 市政工程清水混凝土表面喷涂前，应将表面清理干净，混凝土表面质量除应满足本规程的规定外，还应符合现行标准《混凝土结构工程施工质量验收规范》GB 50204、《清水混凝土应用技术规程》JGJ 169 等的相关规定。

7.3.2 正式施工前应做样板施工，经建设单位、设计单位、监理单位共同确认后方可大面积施工。

7.3.3 普通清水混凝土、饰面清水混凝土表面宜涂刷透明保护涂料。选用的涂料应符合设计文件规定的性能指标要求。

7.3.4 清水混凝土保护剂应与混凝土表面有良好的附着力，在露天环境下有良好的耐候性、耐水性，对混凝土无腐蚀，满足市政工程清水混凝土外观质量要求。

7.3.5 喷涂应均匀、无遗漏，膜层应色泽均匀、平整光洁、无流坠、刷痕，喷涂应按照产品说明书的要求进行施工。

7.3.6 下雨、4 级及以上大风等恶劣天气应避免进行喷涂施工，对已喷涂部位及时采取保护措施。

8 混凝土成品修补

8.1 一般规定

8.1.1 市政工程清水混凝土表面的缺陷应通过模板施工专项方案和清水混凝土施工专项方案预防控制。表面缺陷的修补数量与部位应遵循较少的原则。

8.1.2 对不满足市政工程清水混凝土质量标准的部位应由施工单位编制专项修补处理方案，并经建设单位、设计单位、监理单位同意后实施，不得擅自处理。

8.2 成品修补

8.2.1 清水混凝土缺陷处理前，应对缺陷部位周边采取可靠保护措施。

8.2.2 清水混凝土表面缺陷修补应满足下列要求：

1 应针对不同部位及不同的缺陷采取有针对性的修补方法。

2 修补时应注意成品保护，修补后应及时喷洒雾状的洁净水养护。

3 修补应先在样板上做试验，确定颜色对比度、修补方法、材料配比等。

8.2.3 模板拆除后应进行螺栓孔封堵和修补，封堵应密实，修补后外观应符合设计和规范要求。

8.2.4 对混凝土表面缺陷部位修补完成后，修补后的部位应表面平整、色泽一致、无明显可见的修补痕迹。

8.2.5 对经过处理的部位，应重新检查验收。

9 质量验收

9.1 一般规定

9.1.1 市政工程清水混凝土子分部工程的验收除符合本规程的规定外，尚应符合国家现行相关质量验收标准的要求。实体质量和结构允许偏差应满足《混凝土结构工程施工质量验收规范》GB 50204检验标准相关要求。

9.1.2 市政工程清水混凝土子分部工程验收应符合下列要求：

1 所含分项工程的质量均应验收合格。

2 质量控制资料应完整。

3 涉及结构安全和使用功能的质量应按规定验收合格。

4 外观质量验收应符合要求。

9.1.3 分项工程质量验收应符合下列要求：

1 分项工程所含检验批均应符合合格质量的规定。

2 分项工程所含检验批的质量验收记录应完整。

9.1.4 检验批质量验收应符合下列规定：

1 主控项目的质量经抽样检验后应合格。

2 一般项目的质量经抽样检验后应合格；当采用计数检验时，除有专门要求外，一般项目的合格点率应达到80%及以上，且不合格点的最大偏差值不得大于规定允许偏差值的1.5倍。

3 应具有完整的施工操作依据和质量检查记录。

9.2 模 板

9. 2. 1 模板设计及安装应符合施工设计图的规定，且稳固牢靠、接缝严密。

9. 2. 2 整体式大模板制作允许偏差与检验方法应符合表 9.2.2-1 的规定，拼装式大模板制作允许偏差与检验方法应符合表 9.2.2-2 的规定。

检查数量：全数检查。

表 9.2.2–1 整体式大模板制作允许偏差与检验方法

项次	项目	允许偏差（mm）	检验方法
1	模板宽度	±2	卷尺量
2	模板长度	－1	卷尺量
3	模板板面对角线	≤2	卷尺量
4	板面平整度	2	2 m 靠尺及塞尺量
5	边肋平整度	1	2 m 靠尺及塞尺量
6	相邻面板高低差	≤0.8	平尺及塞尺量
7	相邻面板接缝间隙	≤0.6	塞尺量

表 9.2.2–2 拼装式大模板制作允许偏差与检验方法

项次	项目	允许偏差（mm）	检验方法
1	模板高度	1，－2	卷尺量
2	模板长度	－1	卷尺量
3	模板板面对角线	≤2	卷尺量
4	板面平整度	2	2 m 靠尺及塞尺量

续表

项次	项目	允许偏差（mm）	检验方法
5	边肋平整度	≤0.8	平尺及塞尺量
6	相邻面板高低差	≤0.8	塞尺量

模板制作时，在模板加工厂应进行试拼装。验收合格后方可出厂。

9.2.3 模板安装尺寸允许偏差与检验方法应符合表 9.2.3 的规定。

检查数量：全数检查。

表 9.2.3 模板安装尺寸允许偏差与检验方法

<table>
<tr><th rowspan="2">项次</th><th rowspan="2" colspan="2">项目</th><th colspan="2">允许偏差（mm）</th><th rowspan="2">检验方法</th></tr>
<tr><th>普通清水混凝土</th><th>饰面清水混凝土</th></tr>
<tr><td>1</td><td>轴线位移</td><td>墙、柱、梁</td><td>4</td><td>3</td><td>尺量</td></tr>
<tr><td>2</td><td>截面尺寸</td><td>墙、柱、梁</td><td>±4</td><td>±3</td><td>尺量</td></tr>
<tr><td>3</td><td colspan="2">标高</td><td>±5</td><td>±3</td><td>水准仪、尺量</td></tr>
<tr><td>4</td><td colspan="2">相邻板面高低差</td><td>3</td><td>2</td><td>尺量</td></tr>
<tr><td rowspan="2">5</td><td rowspan="2">模板垂直度</td><td>不大于 5 m</td><td>4</td><td>3</td><td rowspan="2">经纬仪、线坠、尺量</td></tr>
<tr><td>大于 5 m</td><td>6</td><td>5</td></tr>
<tr><td>6</td><td colspan="2">表面平整度</td><td>3</td><td>2</td><td>塞尺、尺量</td></tr>
<tr><td rowspan="2">7</td><td rowspan="2">阴阳角</td><td>方正</td><td>3</td><td>2</td><td>方尺、塞尺</td></tr>
<tr><td>顺直</td><td>3</td><td>2</td><td>线尺</td></tr>
<tr><td rowspan="2">8</td><td rowspan="2">预留洞口</td><td>中心线位移</td><td>8</td><td>6</td><td rowspan="2">拉线、尺量</td></tr>
<tr><td>孔洞尺寸</td><td>+8，0</td><td>+4，0</td></tr>
<tr><td>9</td><td>预埋件、管、螺栓</td><td>中心线位移</td><td>3</td><td>2</td><td>拉线、尺量</td></tr>
</table>

9.3 钢 筋

Ⅰ 主控项目

9.3.1 钢筋进场时，应按国家现行相关标准的规定抽取试件作屈服强度、抗拉强度、伸长率、弯曲性能和重量偏差检验，检验结果应符合相应标准规定。

检验数量：按进场批次和产品的抽样检验方案确定。

检验方法：检查质量证明文件和抽样检验报告。

9.3.2 钢筋采用机械连接接头或焊接连接时，钢筋机械连接接头、焊接接头的力学性能、弯曲性能应符合国家现行有关标准的规定。接头试件应从工程实体中截取。

检查数量：按现行行业标准《钢筋机械连接通用技术规程》JGJ 107 和《钢筋焊接及验收规程》JGJ 18 的规定确定。

检验方法：检查质量证明文件和抽样检验报告。

9.3.3 钢筋安装时，受力钢筋的牌号、规格和数量必须符合设计要求。

检查数量：全数检查。

检验方法：观察，尺量。

Ⅱ 一般项目

9.3.4 钢筋机械连接接头、焊接接头的外观质量应符合现行行业标准《钢筋机械连接通用技术规程》JGJ 107 和《钢筋焊接及验收规程》JGJ 18 的规定。

检查数量：按现行行业标准《钢筋机械连接通用技术规程》JGJ 107 和《钢筋焊接及验收规程》JGJ 18 的规定确定。

检验方法：观察，尺量。

9.3.5 钢筋工程安装尺寸允许偏差与检验方法应符合现行国家标准《混凝土结构工程施工质量验收规范》GB 50204 的规定，受力钢筋保护层厚度偏差不应大于 3 mm。

9.4 混凝土

Ⅰ 主控项目

9.4.1 混凝土原材料应符合国家现行有关标准的规定，并符合本规程第 4.4 节的相关规定。

9.4.2 混凝土配合比设计应符合本规程第 5.1、5.2 节的相关规定。

9.4.3 混凝土强度等级应按现行国家标准《混凝土强度检验评定标准》GB/T 50107 的规定检验评定，其结果必须符合设计要求。用于检查混凝土强度的试件，应在混凝土浇筑地点随机抽取。

Ⅱ 一般项目

9.4.4 现浇结构清水混凝土的尺寸偏差与检验方法应符合表 9.4.4 的规定。

检查数量：按每施工标段划分检验批。在同一检验批内，对墩柱及盖梁，应抽查构件数量的 30%，且不少于 5 件。

表 9.4.4 清水混凝土结构允许偏差与检验方法

项次	项目		允许偏差值（mm）		检验方法
			普通清水混凝土	饰面清水混凝土	
1	轴线位置	墙、柱（墩、梁）	6	5	尺量
2	标　高	全高（墩高）	±30	±30	水准仪或拉线检查
		层高（梁高）	±8	±5	
3	截面尺寸	墩、梁	±5	±3	尺量
4	垂直度	≤5 m	8	5	经纬仪、2 m 托线板
		>5 m	H/1 000，且≤30	H/1 000，且≤30	
5	表面平整度		4	3	2 m 靠尺、楔形塞尺
6	角线顺直		4	3	拉线、尺量
7	预留洞口中心线位置		10	8	尺量
8	阴阳角	方正	4	3	方尺、楔形塞尺
		顺直	4	3	5 m 线尺
9	明缝直线度		—	3	拉 5 m 线，不足 5 m 拉通线，钢尺检查
10	蝉缝错台		—	2	尺量
11	蝉缝交圈		—	5	拉 5 m 线，不足 5 m 拉通线，钢尺检查

9.4.5 清水混凝土外观质量与检验方法应符合表9.4.5的规定。

检查数量：抽查各检验批的30%，且不应少于5件。

表9.4.5 清水混凝土外观质量与检验方法

项次	项目	普通清水混凝土	饰面清水混凝土	检查方法
1	颜色	无明显色差	颜色基本一致，无明显色差	距离墙面、墩柱、盖梁5 m观察
2	修补	少量修补痕迹	基本无修补痕迹	距离墙面、墩柱、盖梁5 m观察
3	气泡	气泡分散	最大直径小于8 mm，深度不大于2 mm，每平方米气泡面积不大于20 cm^2	尺量
4	裂缝	宽度小于0.2 mm	宽度小于0.2 mm，且长度不大于1000 mm	尺量，刻度放大镜
5	光洁度	无明显漏浆、流淌及冲刷痕迹	无漏浆、流淌及冲刷痕迹，无油迹、墨迹、锈斑、粉化物	观察
6	对拉螺栓孔眼	—	排列整齐，孔洞封堵密实，凹孔棱角清晰圆润	观察、尺量
7	明缝	—	位置规律、整齐，深度一致，水平交圈	观察、尺量
8	蝉缝	—	横平竖直，水平交圈，竖向成线	观察、尺量

10 施工安全

10.0.1 市政工程清水混凝土施工应符合现行行业标准《建筑施工安全检查标准》JGJ 59、《建筑施工高处作业安全技术规范》JGJ 80、《施工现场临时用电安全技术规范》JGJ 46、《建筑施工临时支撑结构技术规范》JGJ 300、《建筑施工碗扣式钢管脚手架安全技术规范》JGJ 166 等的有关规定。

10.0.2 施工现场宜设置可靠的避雷装置。有关避雷、防触电和架空输电线路的安全距离应按《施工现场临时用电安全技术规范》JGJ 46 的有关规定执行。

10.0.3 市政工程清水混凝土泵送时的高压管段、距混凝土泵出口较近的弯管，应设置安全防护设施。当输送管发生堵塞需拆卸管夹时，应先卸压再进行拆卸，防止混凝土突然喷射伤人。

10.0.4 施工用模板漆（脱模剂）、涂料应妥善保管，并远离火源。

10.0.5 遇有 5 级以上强风、浓雾、雷雨等严重影响安全施工的恶劣天气时，不得作业。

10.0.6 高处作业物料要堆放平稳，严禁放置在临边、临口附近；凡有坠落可能的，要及时撤出或固定以防掉落伤人。在高处安装和拆除模板、浇筑混凝土等作业时应搭设脚手架，采用安全网封闭并加设防护栏杆，作业人员必须系安全带。

10.0.7 大模板的存放应满足自稳角的要求，采取面对面存放；没有支架或自稳角不足的大模板，要存放在专用的插放架上或平卧堆放，不得靠在其他物体或构件上，防止滑移倾倒。模板吊运应稳起稳落，严禁大幅度摆动；严禁人员随模板起吊。

10.0.8 施工单位应当在危险性较大的分部分项工程施工前编制专项方案；对于超过一定规模的危险性较大的分部分项工程，施工单位应当组织专家对专项方案进行论证。

本规程用词说明

1 为了便于在执行本规程条文时区别对待，对要求严格程度不同的用词说明如下：

1）表示很严格，非这样做不可的：

正面词采用“必须”，反面词采用“严禁”。

2）表示严格，在正常情况下均应这样做的：

正面词采用“应”，反面词采用“不应”或“不得”。

3）表示允许稍有选择，在条件许可时首先应这样做的：

正面词采用“宜”，反面词采用“不宜”。

4）表示有选择，在一定条件下可以这样做的，采用“可”。

2 条文中指明应按其他有关标准执行时，采用“应按……执行”或“应符合……的规定”。

引用标准名录

1 《通用硅酸盐水泥》GB 175
2 《混凝土外加剂》GB 8076
3 《混凝土结构设计规范》GB 50010
4 《钢结构设计规范》GB 50017
5 《混凝土外加剂应用技术规范》GB 50119
6 《混凝土质量控制标准》GB 50164
7 《混凝土结构工程施工质量验收规范》GB 50204
8 《钢结构工程施工质量验收规范》GB 50205
9 《大体积混凝土施工规范》GB 50496
10 《混凝土结构工程施工规范》GB 50666
11 《低合金高强度结构钢》GB/T 1591
12 《用于水泥和混凝土中的粉煤灰》GB/T 1596
13 《建设用砂》GB/T 14684
14 《建设用卵石、碎石》GB/T 14685
15 《预拌混凝土》GB/T 14902
16 《用于水泥和混凝土中的粒化高炉矿渣粉》GB/T 18046
17 《砂浆和混凝土用硅灰》GB/T 27690
18 《矿物掺合料应用技术规范》GB/T 51003
19 《城市桥梁工程施工与质量验收规范》CJJ 2
20 《钢筋焊接及验收规程》JGJ 18
21 《施工现场临时用电安全技术规范》JGJ 46

22 《普通混凝土配合比设计规程》JGJ 55

23 《建筑施工安全检查标准》JGJ 59

24 《建筑工程大模板技术规程》JGJ 74

25 《建筑施工高处作业安全技术规范》JGJ 80

26 《钢框胶合板模板技术规程》JGJ 96

27 《钢筋机械连接通用技术规程》JGJ 107

28 《建筑施工模板安全技术规范》JGJ 162

29 《建筑施工碗扣式钢管脚手架安全技术规范》JGJ 166

30 《清水混凝土应用技术规程》JGJ 169

31 《建筑施工临时支撑结构技术规范》JGJ 300

32 《混凝土泵送施工技术规程》JGJ/T 10

33 《混凝土结构用钢筋间隔件应用技术规程》JGJ/T 219

34 《石灰石粉在混凝土中应用技术规程》JGJ/T 318

35 《混凝土用复合掺合料》JG/T 486

36 《桥梁高性能清水混凝土技术规程》DB51/T 1994

37 《公路桥涵施工技术规范》JTG/T F50

四川省工程建设地方标准

四川省市政工程清水混凝土施工技术规程

Technical Specification for Fair-faced Concrete Construction of Municipal Engineering in Sichuan Province

DBJ51/T 073 – 2017

条 文 说 明

目　　次

1 总　则

1.0.1 随着我国城市化进程和可持续发展的不断加快，各项市政工程也广泛开展起来，清水混凝土凭借其绿色环保等优势在市政工程施工中得到广泛应用，由于清水混凝土的施工工艺复杂、材料标准要求高、配方严格，编制组根据国家和地方现行标准及相关规定，结合四川省内的实际情况，为规范四川省市政工程清水混凝土施工与质量验收，制定了本规程。

1.0.3 有关标准包括但不限于：《混凝土结构工程施工规范》GB 50666、《混凝土结构工程施工质量验收规范》GB 50204、《混凝土外加剂应用技术规范》GB 50119、《混凝土质量控制标准》GB 50164、《混凝土外加剂》GB 8076、《大体积混凝土施工规范》GB 50496、《清水混凝土应用技术规程》JGJ 169、《城市桥梁工程施工与质量验收规范》CJJ 2、《建筑工程大模板技术规程》JGJ 74、《桥梁高性能清水混凝土技术规程》DB51/T 1994 等现行版本。

3 基本规定

3.0.5 《清水混凝土应用技术规程》JGJ 169—2009 中本条内容为强制性条文。

4　材料选择

4.1　一般规定

4.1.2　采用新技术、新工艺、新材料、新设备时，应经过试验和技术鉴定，并制定可行的技术措施，设计文件中指定使用新材料时，施工单位应依据设计要求进行施工，施工单位计划使用新材料时，应经监理单位核准，并按相关规定办理。

4.2　模　板

4.2.2　清水混凝土模板体系应根据工程的结构形式、荷载大小、施工工艺、地基基础、施工设备和材料供应等条件确定，还应考虑到经济性、实用性、先进性的要求。

4.2.3～4.2.4　清水混凝土施工对用模板及其骨架要求较高，将直接影响清水混凝土外观质量，所以除满足一般工程用模板及骨架要求外本规程还做出了其他技术要求。

4.2.6　实际施工中根据清水混凝土外观质量要求、施工工艺等条件可按表 4.2.6 中所列各类模板体系构造进行选择。

表 4.2.6　各类模板体系构造

序号	模板名称	模板构造	模板特点
1	木梁胶合板模板	以木梁、铝梁或钢木肋作竖肋，覆膜胶合板采用螺钉连接	通用性好、装拆灵活、透气性好、模板自重较轻

续表

2	木框胶合板模板	以木方为骨架，胶合板采用螺钉连接	通用性好、装拆灵活、透气性好、模板自重较轻
3	钢框胶合板模板	由胶合板与钢框构成的模板。钢框胶合板模板分为实腹钢框胶合板模板和空腹钢框胶合板模板	通用性好、装拆灵活、透气性好、模板自重较轻
4	全钢定型模板	以型钢为骨架，钢板为面板，焊接而成；可在面板上焊接或螺栓连接装饰图、线条等装饰物达到清水混凝土表面装饰图案效果	模板刚度好、整体性好、周转次数多，自重较重、不便于现场改装使用，透气性较差、面板容易锈蚀、混凝土表面气泡较多
5	不锈钢贴面模板	采用镜面不锈钢板，固定于钢模板或木模板上	周转次数多，加工制作要求高
6	铝合金模板	以铝材为龙骨及面板的单元板模板	装拆灵活、周转次数多、透气性较差、自重较轻

4.2.7 模板材质应符合下列规定：

4 不锈钢贴面模板体系，不锈钢面板厚度一般为0.7 mm ~ 0.8 mm，较薄易焊穿，不锈钢板可采用焊接、粘贴等方式固定在底层模板上，要求安装粘贴牢固，否则在施工过程中易导致不锈钢模板脱落，夹层进浆等现象，影响清水凝土外观质量。

6 设计对清水混凝土饰面效果有特殊要求时，例如体现木纹的粗面效果，模板材料选择时应根据设计要求，可选择杉木板等板材，利用其自然纹路、粗糙面及木板间的拼接缝显现在清水混凝土表面，达到装饰效果。

7　吊环是大模板安全施工中的重要配件，要求对吊环的位置、选用材料、焊缝及连接螺栓应经计算确定，冷加工钢筋延性差，应杜绝使用。

4.3　钢　筋

4.3.3　钢筋安装间隔件主要有专用间隔件、水泥砂浆或混凝土制成的垫块等。专用间隔件多为塑料制成，有利于控制钢筋保护层厚度、安装尺寸偏差和构件的外观质量。为防止清水混凝土的表面质量受损，与模板的接触面积不宜过大，“与模板的接触面积对于水泥基类钢筋间隔件不宜大于300 mm^2；对于塑料类钢筋间隔件和金属类钢筋间隔件不宜大于100 mm^2”。

4.4　混凝土原材料

4.4.1　市政工程清水混凝土采用的水泥应符合下列规定：

1　清水混凝土对耐久性和外观质量有较高要求，为了避免碱骨料反应、预防钢筋锈蚀等，宜采用工艺先进、产品质量稳定的硅酸盐水泥、普通硅酸盐水泥。

3　满足现行国家标准《大体积混凝土工程施工规范》GB 50496的相关要求。

4.4.4　外加剂应符合下列规定：

2　配制清水混凝土时宜加入消泡剂消除有害气泡，保持混凝土和易性。

3　本条目的是避免因外加剂差异造成清水混凝土外观有色差。

5 混凝土配合比设计

5.1 一般规定

5.1.2 在保证混凝土有足够强度满足设计使用要求的前提下，若采用 60 d 或 90 d 龄期强度作为指标，可以减少大体积混凝土中水泥用量，提高掺合料的用量，以降低大体积混凝土的水化温升。

5.2 配合比设计

5.2.2 混凝土中不同种类矿物掺合料的最大掺量宜符合表 5.2.2 的规定。

表 5.2.2 混凝土中矿物掺合料最大掺量

掺合料种类	硅灰	石灰石粉	粒化高炉矿渣粉	粉煤灰
最大掺量（%）	10	10	30	15

注：矿物掺合料的掺量应按胶凝材料用量的百分比计。

矿物掺合料可增加混凝土的密实度，有效降低混凝土内部水化热，降低裂缝发生的概率，从而提高清水混凝土的工作性和耐久性。矿物掺合料在混凝土中的掺量应通过试验确定。混凝土中矿物掺合料总量不宜超过总胶凝材料量的 45%。

随着混凝土技术的不断发展，特别是《矿物掺合料应用技术规范》GB/T 51003 的正式实施，结合大量实验数据，将石灰石粉掺量定为 10%，掺加石灰石粉可以减少混凝土离析和泌水，使混凝土能更好满足施工要求。

5.2.3 若缺乏历史资料时，混凝土砂率可按表 5.2.3 选用。

表 5.2.3 混凝土的砂率（%）

水胶比	碎石最大公称粒径（mm）		
	16	20	31.5
0.3	38 ~ 44	37 ~ 43	35 ~ 41
0.4	42 ~ 48	41 ~ 47	39 ~ 45
0.5	46 ~ 52	45 ~ 51	43 ~ 49

注：1. 本表中数值适用于机制砂，采用混合砂或天然砂配制混凝土时，砂率可适当降低；

2. 配制大流动性、泵送混凝土时可取上限值。

在满足本规范第 4.4.2 条中对骨料的质量要求时，采用混合砂配制清水混凝土的砂率应较机制砂混凝土小 2% ~ 4%时效果较佳。在配制泵送混凝土时，为了保证混凝土具有良好的施工性能，减少硬化混凝土表面出现蜂窝、麻面等缺陷，宜取砂率的上限值。

6 施工工艺

6.1 一般规定

6.1.1 技术准备是在熟悉图纸的基础上，按设计要求确定混凝土表面类型及施工范围，深化图纸设计，编制专项施工方案和进行技术交底。

专项施工方案的主要内容包括：工程概况、编制依据、清水混凝土施工范围、施工材料的选择与配备、混凝土原材料的选择与配合比的设计、模板及支撑体系的设计、制作与安装、钢筋与混凝土施工方案及进度安排等。

要建立各项施工工序自检和交接管理制度，对施工现场作业和管理人员逐一进行详细的书面施工技术交底。

物资、劳动力等准备应满足正常的施工需要。

6.1.2 为了尽量使同一工程的混凝土具有相同的表面色泽和表面效果，清水混凝土工程所用模板宜使用钢模板或覆面木胶合板材料。

6.2 模板工程

6.2.2 清水混凝土模板的设计必须细致和具体。本条规定了清水混凝土模板设计计算的主要内容和应遵循的主要原则：

1 应进行模板及支撑结构设计计算，并绘制全套模板设计图，包括：模板平面布置配板图、组装图、节点大样图以及饰面清水混凝土装饰线条设计图等。

2 模板配板设计、模板分块、面板分割设计主要考虑模板使用的标准性、通用性以及表面的装饰效果；大模板体系可以减少拼缝，提高表面平整度和表面光洁度，减少混凝土常见质量通病拼缝处理不当带来的表面缺陷。

4 模板在使用过程中有多种荷载参与效应组合，应取各自最不利的组合进行设计计算；在验算模板的刚度时，应以满足清水混凝土表面要求的平整度为依据，确定其允许变形值，确保模板刚度符合清水混凝土饰面的要求。

5 清水混凝土模板的拼缝与装饰线设计，应充分考虑到混凝土表面的装饰效果，模板设计完成后，应写出详细的设计说明，以便指导施工。

6 规定了设计中应遵循的一般原则。

6.2.4 模板运输、安装应符合下列要求：

5 专用模板漆可以提高普通清水混凝土表面质感，宜优先选用。涂刷模板漆（脱模剂）后的模板应注意防尘，不得污染，干燥后才能安装。模板重复使用前，应将模板上残留的模板漆（脱模剂）清除干净，重新涂刷模板漆（脱模剂）。

7 使吊装到位尚未校正、固定的模板有一个稳定的临时依托，保证在安全、方便的条件下进行拼装作业。

12 模板在运输、安装前应做好一定的保护措施，防止变形、损坏；正式安装前应进行样板构件的试安装，以检验钢筋是否偏移，结构尺寸定位是否准确、模板拼装是否能满足表面质量要求等；模板安装就位后，应做好接缝的堵漏措施；应注意施工过程模板的监测，提高质量意识。

6.2.5 模板拆除应符合下列规定：

1 2）拆模的时间控制不好，会对混凝土外观造成影响，拆模过早会导致混凝土面粘模、缺棱掉角，过晚会增加拆模难度。为此，宜在施工现场放置同条件养护试块，通过试验确定拆模时间。

6.3 钢筋工程

6.3.2 本条主要针对钢筋堆放过程中会产生锈蚀和污染。由于清水混凝土表面会长期暴露在自然环境下，混凝土表面耐久性要求高，锈蚀的钢筋易加速混凝土表面出现锈迹斑痕，影响混凝土的耐久性和表面质量，因此，规定钢筋在使用前防止锈蚀。

6.3.3 钢筋绑扎与焊接应符合下列规定：

1 钢筋绑扎的一般规定与普通钢筋混凝土的要求相同。

2～3 钢筋绑扎前应表面除锈，所有扎丝毛头必须逐一弯向内部，防止露头划伤模板、产生锈斑。

4～5 钢筋绑扎前表面应除锈；钢筋保护层厚度应满足设计要求；采用有保护层的垫块可选用塑料卡或设计文件规定的措施；考虑到混凝土垫块在施工中容易被压坏，且混凝土成型后易在表面留下疤痕，为保证清水混凝土的外观质量，应优先选用优质高强的塑料卡垫块，颜色应尽量接近清水混凝土的颜色；垫块宜布置均匀，绑扎牢固。

6.4 混凝土工程

6.4.1 混凝土搅拌应符合下列规定：

1～4 混凝土拌合物颜色应均匀，能保证同一视觉空间内工程的混凝土无可见色差。

5 较长的拌合时间，能保证清水混凝土拌合均匀，避免搅拌不匀带来的色差。

7 冬季施工时，可采取在集料堆场搭设遮雨棚、加热拌合用水和白天搅拌混凝土等措施。

6.4.2 混凝土运输应符合下列规定：

3 采用混凝土搅拌运输车运输混凝土时，当因道路堵塞或其他意外情况造成坍落度损失过大，在罐内加入适量减水剂以改善其工作性能的做法，具有现实意义。据工程实践检验，减水剂的加入量受控时，对混凝土的其他性能无明显影响。在特殊情况下发生的坍落度损失过大的情况采取适宜的处理措施时，杜绝向混凝土内加水的违规行为，本条允许在特殊情况下采取加入适量减水剂的做法，并对其加以规范。要求采取该种做法时，应事先批准、作出记录，减水剂加入量经试验确定并加以控制，加入后应搅拌均匀。

5 **1**）规定弯管半径及管路与垂线的夹角，是为防止混入空气引起管路阻塞。

6.4.3 混凝土浇筑应符合下列规定：

8 振动棒的频率和振幅宜低不宜高，操作时必须严格做到快插慢拔，将振动棒上下略做抽动。如将振捣棒缓慢地插到混凝土中振捣，表层的混凝土很快被振实，当棒头再插入混凝土底部时，内部混凝土中的气泡就很难透过表层混凝土向外排除。

19 普通清水混凝土浇筑因施工工艺技术的要求，一些部位不可避免地会出现施工缝。如果处理不当将会在新老混凝土交接处出现明显的接痕，影响普通清水混凝土的装饰效果，因此，浇筑过程中施工缝的处理非常重要。

20 清水混凝土浇筑后出现“冷缝”和裂缝会影响清水混凝土结构的美观和质量。施工中应采取以下措施防止“冷缝”和裂缝的发生：

1）配制混凝土时，优化配合比设计，采用没有碱性、级配良好、粒形规整的粗、细骨料，减少浆骨比；使用优质高效的减水剂，降低单方用水量；掺用磨细矿物掺合料，取代部分水泥，降低水化热，配制出满足强度、抗渗、耐久性良好的高性能混凝土，这种混凝土具有较小的收缩性。

2）浇筑混凝土时，作好混凝土运输车辆的调度协调。做到施工现场不停工待料等待车辆，避免待车过久可能在工作面上形成冷缝；不积压车辆，避免混凝土在搅拌运输车内停留过久坍落度损失太大无法使用或致混凝土性能劣化出现裂缝或其他严重影响混凝土外观的情况。严禁往混凝土搅拌运输车罐内加生水。

3）选择合理的浇筑路线，做到连续浇筑，使每层混凝土在初凝之前披上一层覆盖，不出现“冷缝”。控制混凝土的浇筑速度，避免浇筑过快浮浆积聚，在砂浆部位形成裂缝。

4）混凝土浇筑后，在混凝土基本沉实至初凝之前适当的时机，对混凝土进行二次振捣和表面压抹，消除可能发生的沉缩裂缝。

5）切实做好清水混凝土结构的保湿蓄热养护。混凝土浇筑后 2 d ~ 3 d 正是水化热峰值过后的降温阶段，也是混凝土低龄期失水收缩比较明显的时期，降温和收缩的“叠加”对裂缝出现不利。因此，混凝土浇筑完毕需及时用保湿材料严密覆盖，进行保湿养护；同时需要根据混凝土的水化热温升的内外温差、降温速率的情况进行必要的蓄热养护。

一般的清水混凝土结构，在体量不是太大、水化热温升并不十分突出的情况下，对于混凝土结构切不可用大水猛浇。养护水与混凝土面存在温差，浇上温差大的水会突然加剧混凝土降温，激发裂缝。应带模养护 2 d ~ 3 d，并在模外采用小水慢淋的方式保持一定的降温速率。清水混凝土结构应在找平顶面后，即用塑料膜或彩条布一类的保湿材料覆盖，防止水分散失；二次振捣和压实抹平时，揭开覆盖物进行操作后，用塑料膜或彩条布严密覆盖，在规定的养护期内，使结构处于高度潮湿的环境中，减少结构的收缩，有利于裂缝的控制。

6）利用明缝设置诱导缝，是清水混凝土控制表面裂缝有效的措施之一，是利用明缝凹槽处截面的突变，使收缩应力集中在缝内，裂缝顺缝发展，其他部位结构面上没有肉眼可见的裂缝；而明缝的凹槽内要打密封胶封闭，不会影响结构的外观和耐久性。

6.4.4 混凝土结构物实体最小几何尺寸大于或等于 1 m 的大

体量混凝土施工，会因混凝土中胶凝材料水化引起的温度变化和收缩而导致混凝土产生有害裂缝，影响清水混凝土质量。本条为控制大体积混凝土施工产生有害裂缝作出了基本规定。

6.4.5 混凝土的养护应符合下列规定：

2 清水混凝土的养护较普通混凝土更为严格，养护用的覆盖物不得掉色，防止对混凝土的颜色产生污染。例如，不能直接用草帘或草袋覆盖混凝土表面。如需保温，在塑料薄膜外可以覆盖草帘或草袋。

3 清水混凝土的竖向结构养护较困难，为避免出现水印或使表面发花，色泽不均匀，不得采用淋水养护直接喷淋混凝土面。

6.4.6 混凝土冬期施工应符合下列规定：

2 **3**）采取一系列措施保持混凝土入模温度不低于 5 °C，浇筑后的混凝土能够在蓄热养护的条件下保持正温，目的是使混凝土强度能够逐渐发展。

7 混凝土成品保护及饰面

7.1 一般规定

7.1.1 施工方案内容应包括清水混凝土保护部位、保护方法、饰面效果、饰面部位、施工方法、质量管理及安全措施等。

7.2 成品保护

7.2.1 增强清水混凝土结构成品保护意识，对操作人员进行施工操作交底，规范操作过程，避免操作过程中损坏清水混凝土表面，设置专人负责巡视检查已拆模后的混凝土保护情况。

7.2.2 在清水混凝土构件施工过程中，当因施工工艺要求构件不能一次性浇筑完成时，应采取截水引流等施工技术措施。装饰施工阶段对操作机具采取防碰撞等保护措施。

7.2.3 模板拆除后的成品清水混凝土构件应采取不掉色的材料进行保护，不得直接用草垫或麻袋铺盖，以免造成永久性黄颜色污染。对易破损的部位，特别是墙、柱阳角等部位还应采用硬质材料做防护角。

7.3 饰 面

7.3.1 为达到清水混凝土饰面效果，基层处理至关重要，清水混凝土表面喷涂前应清除附着在混凝土表面的未硬化砂浆、油污、脱模剂、锈迹等，处理好混凝土表面缺陷并满足规范要求。

8　混凝土成品修补

8.2　成品修补

8.2.1　清水混凝土表面缺陷处理前，应对缺陷部位周边采取可靠保护措施避免二次污染和破坏。

8.2.2　本条列举了清水混凝土结构部分外观缺陷修整和预防措施，可供参考：

1　清水混凝土结构漏浆部位处理：应清除混凝土表面浮浆和松动砂子并用清水冲洗、润湿，用刮刀取界面剂的稀释液调制成颜色与混凝土基本相同的水泥腻子抹于需处理部位。待腻子终凝后用砂纸磨平，刮至表面平整，阳角顺直，喷水养护。

预防措施：模板拼缝严密，钢模板应进行边口处理。利用建筑立面的设计特点如模板上口的明缝条在墙面上形成的凹槽作为上一层模板下口的明缝，并在结合处粘贴海绵胶条，此方法适用于清水混凝土的施工缝设置在明缝的部位。

2　清水混凝土结构明缝处胀模、错台处理：用铲刀铲平打磨后宜用同配比水泥浆修复平整。

预防措施：控制模板面板材料的厚度公差，选择合理的模板安装支设体系。

3　气泡、孔眼处理：清理混凝土表面，用与原混凝土同配比去骨料的浆体刮补需处理部位，待硬化后，用细砂纸均匀打磨，用干净不掉色的湿抹布擦净表面。

预防措施：采用合理的混凝土振捣方式，保证混凝土振捣密实，避免漏振或过振；模板面板具有一定的透气性；避免选用能产生过大气泡的混凝土外加剂。

4 清水混凝土表面锈迹、油污、模板斑痕处理：采用专用弱酸溶液处理，再用高压水枪清洗。

预防措施：脱模剂涂刷均匀，清理模板表面铁锈，钢模板面板应进行抛光处理等。

5 裂缝缺陷处理：根据裂缝产生的原因采取合理的处理措施，并符合《混凝土结构施工规范》GB 50666、《混凝土结构工程施工质量验收规范》GB 50204等相关规范的规定。

预防措施：通过混凝土配合比、混凝土浇筑速度、混凝土振捣、变形缝留设、混凝土养护等控制。

10 施工安全

10.0.1 列出清水混凝土施工安全应遵守的技术规范、规程。

10.0.3 高压管段、泵出口附近弯管受力较大，存在爆管的风险，为保证通过人员的安全，应设安全防护措施。堵管时，管内往往存在一定的压力，未卸压而直接拆管，存在突然喷射伤人的风险。

10.0.8 市政工程清水混凝土施工中的危险性较大分部分项工程安全管理按照住建部颁布的《危险性较大的分部分项工程安全管理办法》(建质〔2009〕87号)执行。